王冶——著绘

中信出版集团 | 北京

图书在版编目（CIP）数据

微观世界江湖奇遇 / 王冶著绘 . -- 北京 : 中信出版社 , 2024.4（2024.10重印）
（爆笑化学江湖）
ISBN 978-7-5217-5736-1

Ⅰ . ①微… Ⅱ . ①王… Ⅲ . ①化学 - 少儿读物 Ⅳ . ① O6-49

中国国家版本馆 CIP 数据核字 (2023) 第 086878 号

微观世界江湖奇遇
（爆笑化学江湖）

著 绘 者：王冶
出版发行：中信出版集团股份有限公司
（北京市朝阳区东三环北路27号嘉铭中心　邮编　100020）
承 印 者：北京尚唐印刷包装有限公司

开　　本：787mm × 1092mm　1/16　　印　　张：38　　字　　数：1000千字
版　　次：2024年4月第1版　　印　　次：2024年10月第3次印刷
书　　号：ISBN 978-7-5217-5736-1
定　　价：140.00元（全10册）

出　　品：中信儿童书店
图书策划：喜阅童书　　策划编辑：朱启铭　由蕾　史曼菲
责任编辑：房阳　　营　　销：中信童书营销中心
封面设计：姜婷　　内文排版：杨兴艳

服务热线：400-600-8099
投稿邮箱：author@citicpub.com

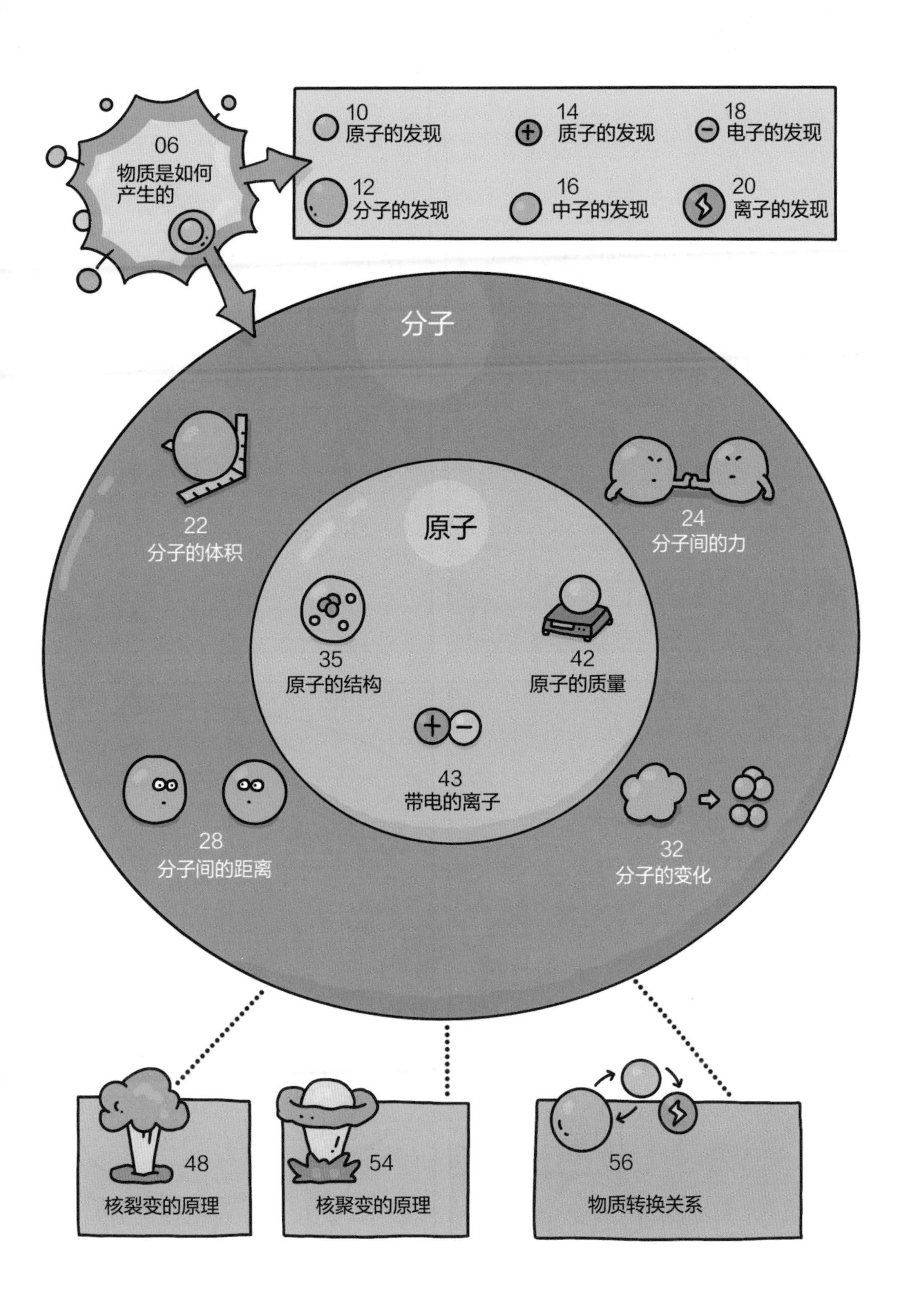
06
物质是如何产生的
10
原子的发现
14
质子的发现
18
电子的发现
12
分子的发现
16
中子的发现
20
离子的发现
分子
22
分子的体积
24
分子间的力
原子
35
原子的结构
42
原子的质量
43
带电的离子
28
分子间的距离
32
分子的变化
48
核裂变的原理
54
核聚变的原理
56
物质转换关系

看我的
无敌铁砂掌！
哈！

手扎刺了，
你帮我找一找，
拔出来。
好吧！

我用放大镜
找找看。

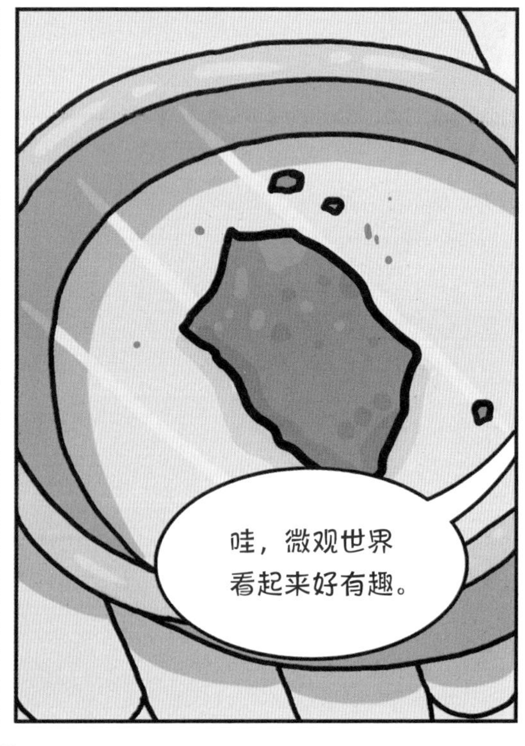

哇，微观世界
看起来好有趣。

呀！
怎么比扎刺还疼呢！
大意了，
忘记放大镜聚光了，
不好意思啊。

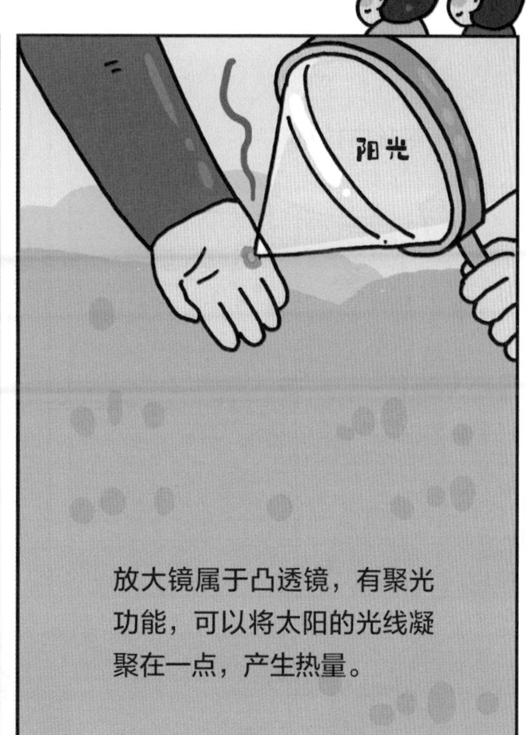
阳光
放大镜属于凸透镜，有聚光功能，可以将太阳的光线凝聚在一点，产生热量。

你刚才说
微观世界有趣，想不想去看看！
当然想啦。

你准备带我去
哪里看呢？

跟我来这里。
虚拟现实体验馆

想了解微观世界，我们最好先找到这几位科学家。
他们在研究微观世界的道路上取得了巨大的成就。

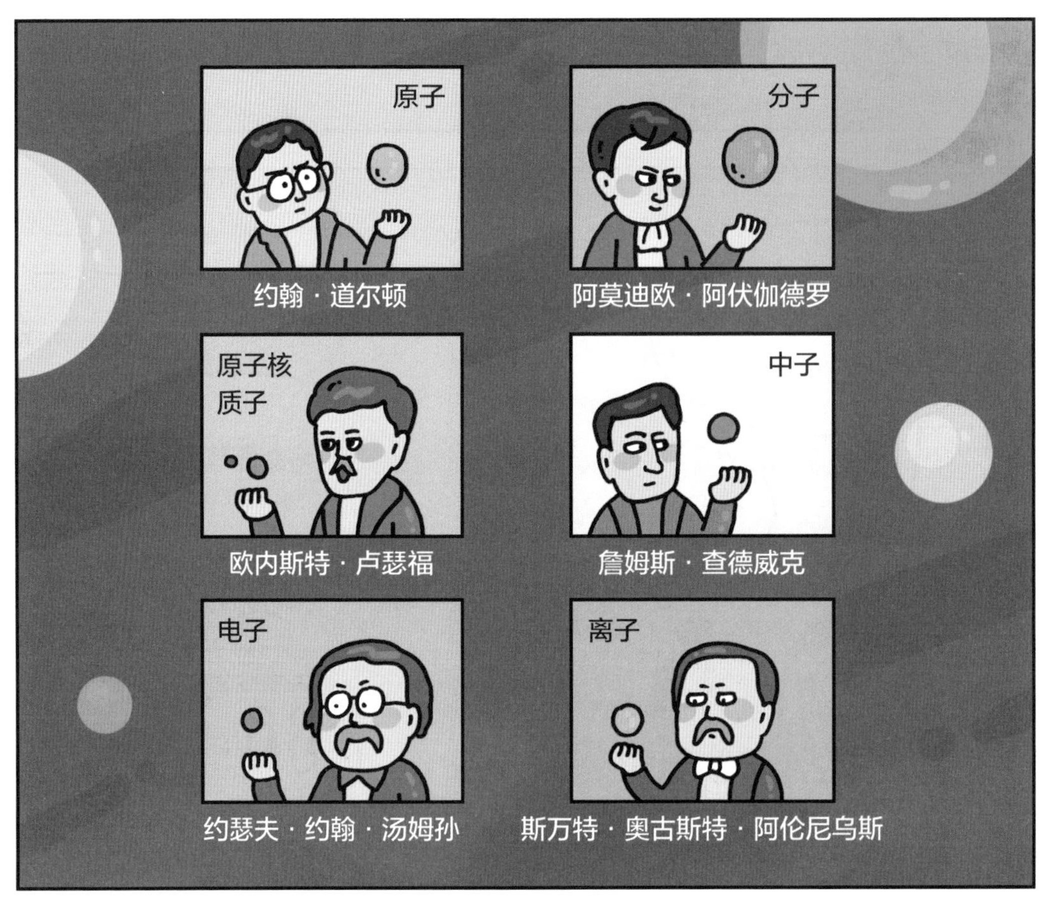
原子
约翰·道尔顿
分子
阿莫迪欧·阿伏伽德罗
原子核
质子
欧内斯特·卢瑟福
中子
詹姆斯·查德威克
电子
约瑟夫·约翰·汤姆孙
离子
斯万特·奥古斯特·阿伦尼乌斯

那现在我们怎样
才能找到这些科学家呢？
他们不是都已经去世
了吗？

所以我们才来虚拟现实
体验馆呀。先去找乔治·勒
梅特，他是天文学家，是这
里的虚拟导游。

嗨！勒梅特。
嗨！你们好。
来体验一下我的时空
飞行器吗？
太好啦，
我们已经迫不及
待了。

我们想知道物质世界是
怎么产生的。
我有一个膨胀宇宙模型，
或许能给你们答案，走！
带你们去体验一下。
准备
好了吗？
准备好了。
出发，
我们要回到大约
138 亿年前！

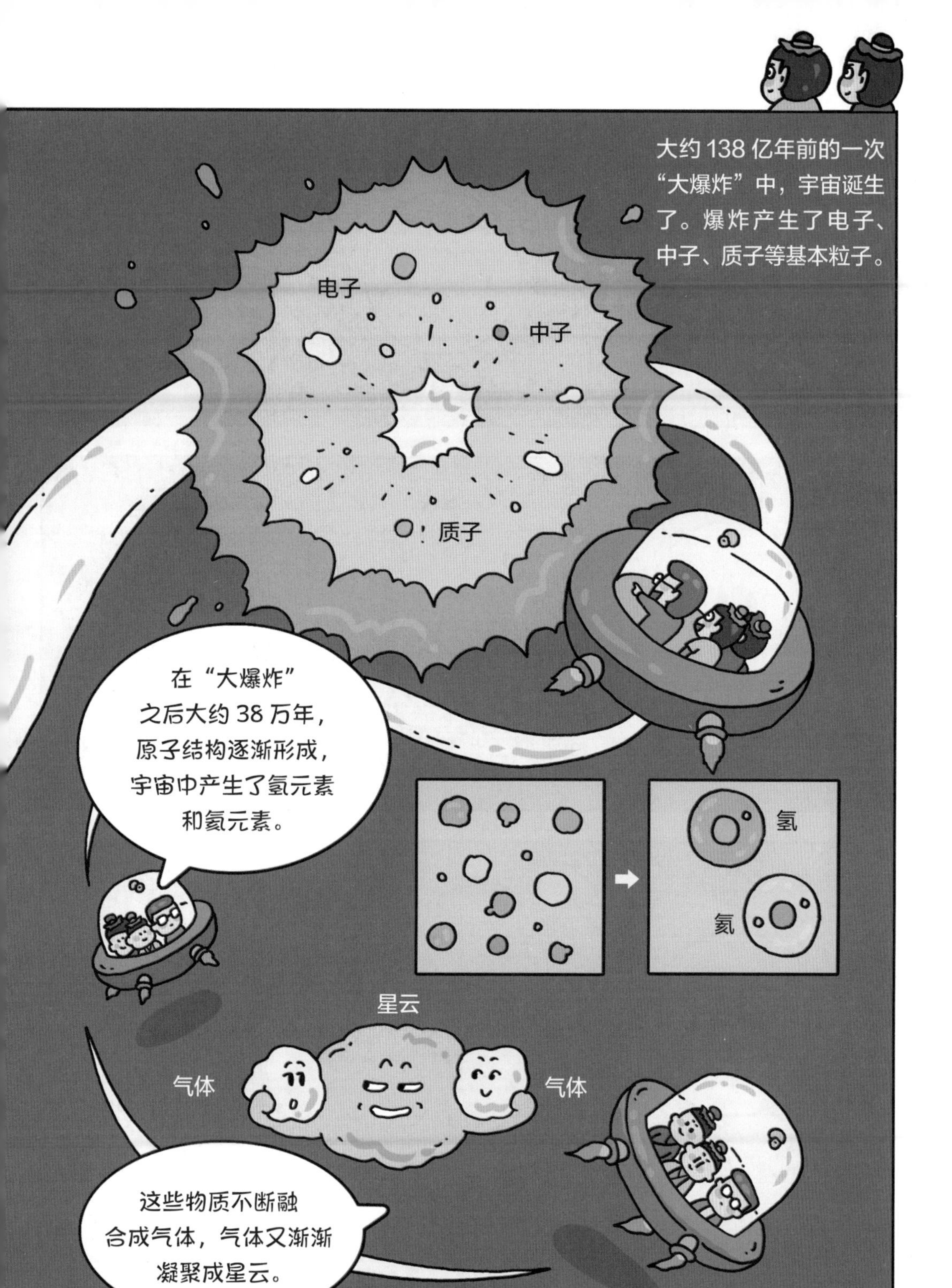
大约138亿年前的一次“大爆炸”中，宇宙诞生了。爆炸产生了电子、中子、质子等基本粒子。
电子
中子
质子
在“大爆炸”之后大约38万年，原子结构逐渐形成，宇宙中产生了氢元素和氦元素。
氢
氦
星云
气体
气体
这些物质不断融合成气体，气体又渐渐凝聚成星云。

元素的产生

星云进一步形成了恒星和星系，
恒星的内部进行核聚变反应。
恒星
星系

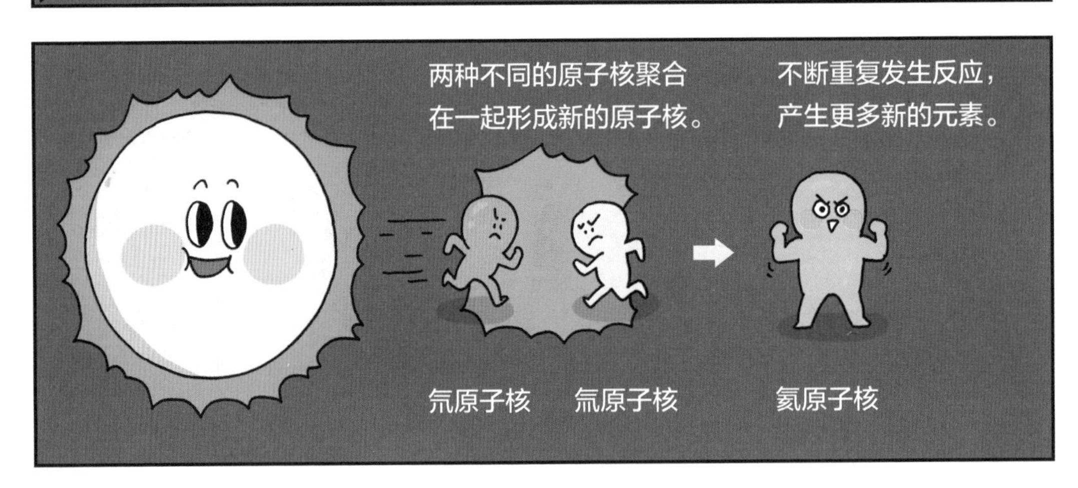
两种不同的原子核聚合
在一起形成新的原子核。
不断重复发生反应，
产生更多新的元素。
氘原子核
氚原子核
氦原子核

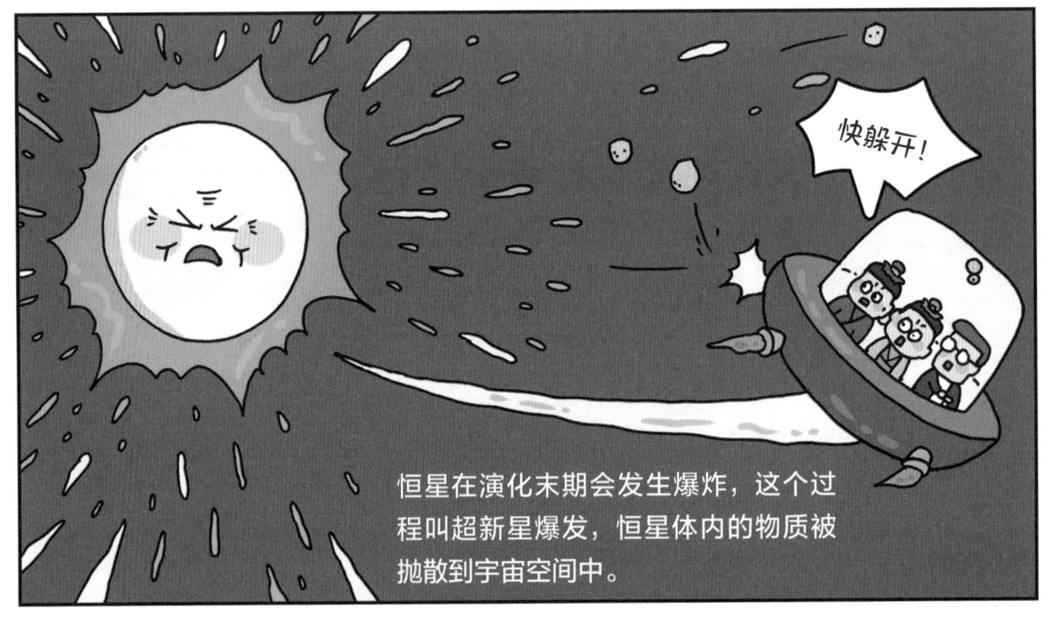
快躲开！
恒星在演化末期会发生爆炸，这个过
程叫超新星爆发，恒星体内的物质被
抛散到宇宙空间中。

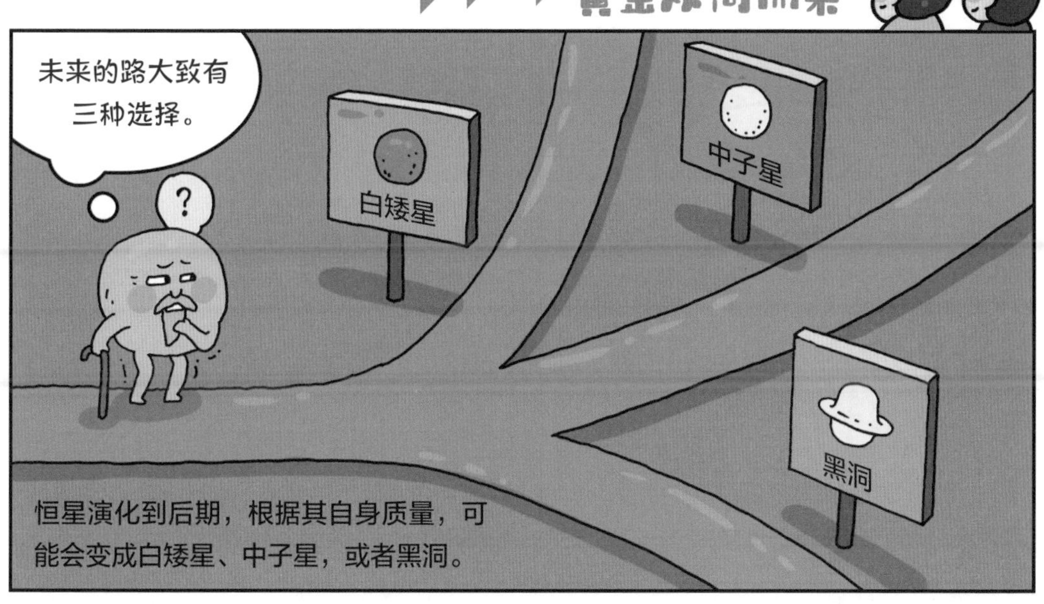
未来的路大致有三种选择。
?
白矮星
中子星
黑洞
恒星演化到后期，根据其自身质量，可能会变成白矮星、中子星，或者黑洞。

如果两颗中子星发生碰撞，会向宇宙空间中喷射大量物质，其中一些中子、电子能在这个过程中形成金原子，地球上的金子可能就来自中子星的碰撞。
咣！
我们地球上的物质都来自宇宙。

你好，道尔顿。

英国化学家、物理学家
谁在叫我？

我们想了解一下您的主要成就。
你们好，你们想了解些什么？

原子论
我的主要成就？那应该是我创立了原子论吧！

分不
下去了！
我认为化学元素
由原子构成，原子在一
切化学变化中不能够
再分，是不可再分的
最小单位。
原子
同一种类的元素
原子性质和质量都相同。
不同种类元素的
原子性质和质量各不相同。
德国思想家、
哲学家恩格斯曾
评价过道尔顿。
他是怎么
说的？
化学时代是
从原子论开始的，
道尔顿是近代化学
之父。
过奖啦！

你好，阿伏伽德罗。
你在写什么？

我在写论文。
意大利化学家、物理学家

我要向世人证明，我的分子论是正确的。
分子论？

1811 年　阿伏伽德罗提出了分子概念。

分子是原子的集合

我认为除了原子之外还有分子，分子与原子之间是有区别的。

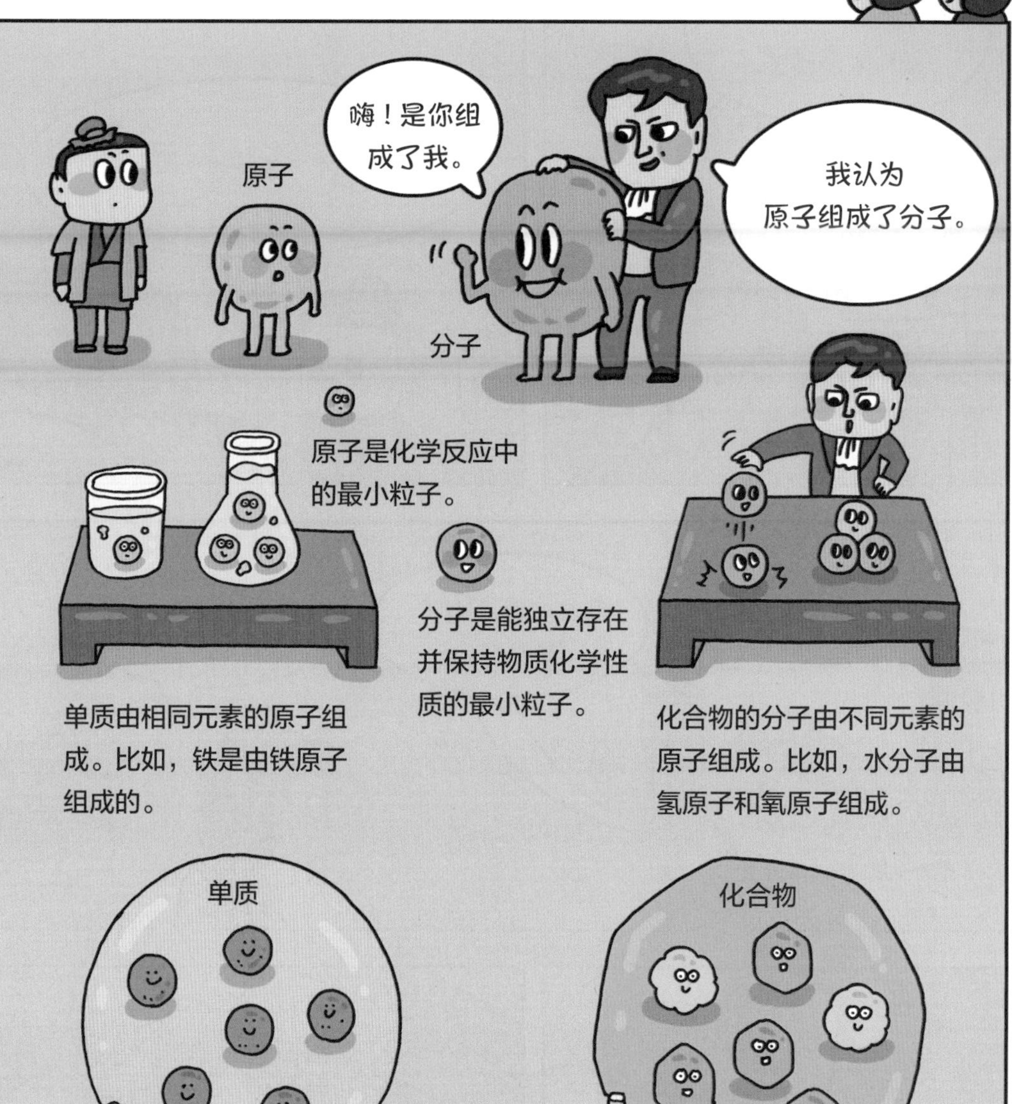

原子
嗨！是你组成了我。
我认为原子组成了分子。
分子
原子是化学反应中的最小粒子。
分子是能独立存在并保持物质化学性质的最小粒子。
单质由相同元素的原子组成。比如，铁是由铁原子组成的。
化合物的分子由不同元素的原子组成。比如，水分子由氢原子和氧原子组成。
单质

化合物

阿伏伽德罗是第一个认识到物质由分子组成，分子由原子组成的人。

但是直到他去世近50年之后，他的分子论才被后来的科学家理解和接受。

哇！太奇妙了。

你好，卢瑟福。

英国物理学家
我在实验中有了新发现。
你发现了什么？

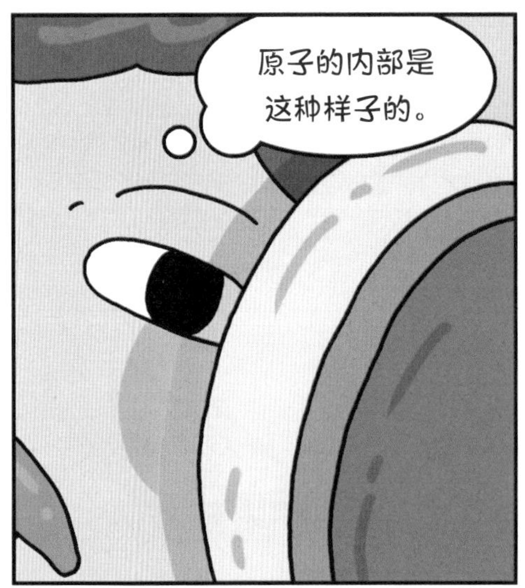
原子的内部是这种样子的。

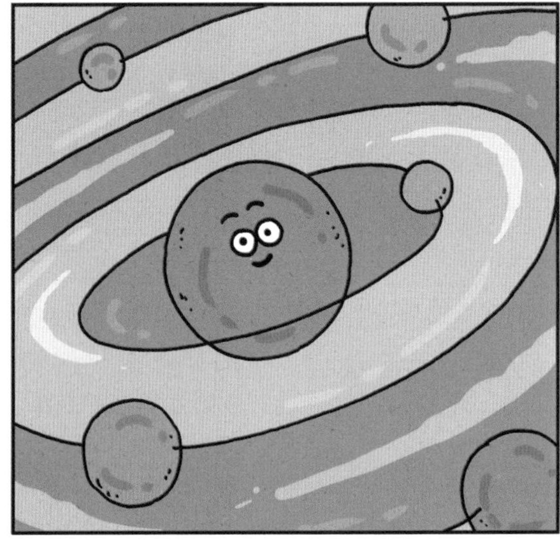

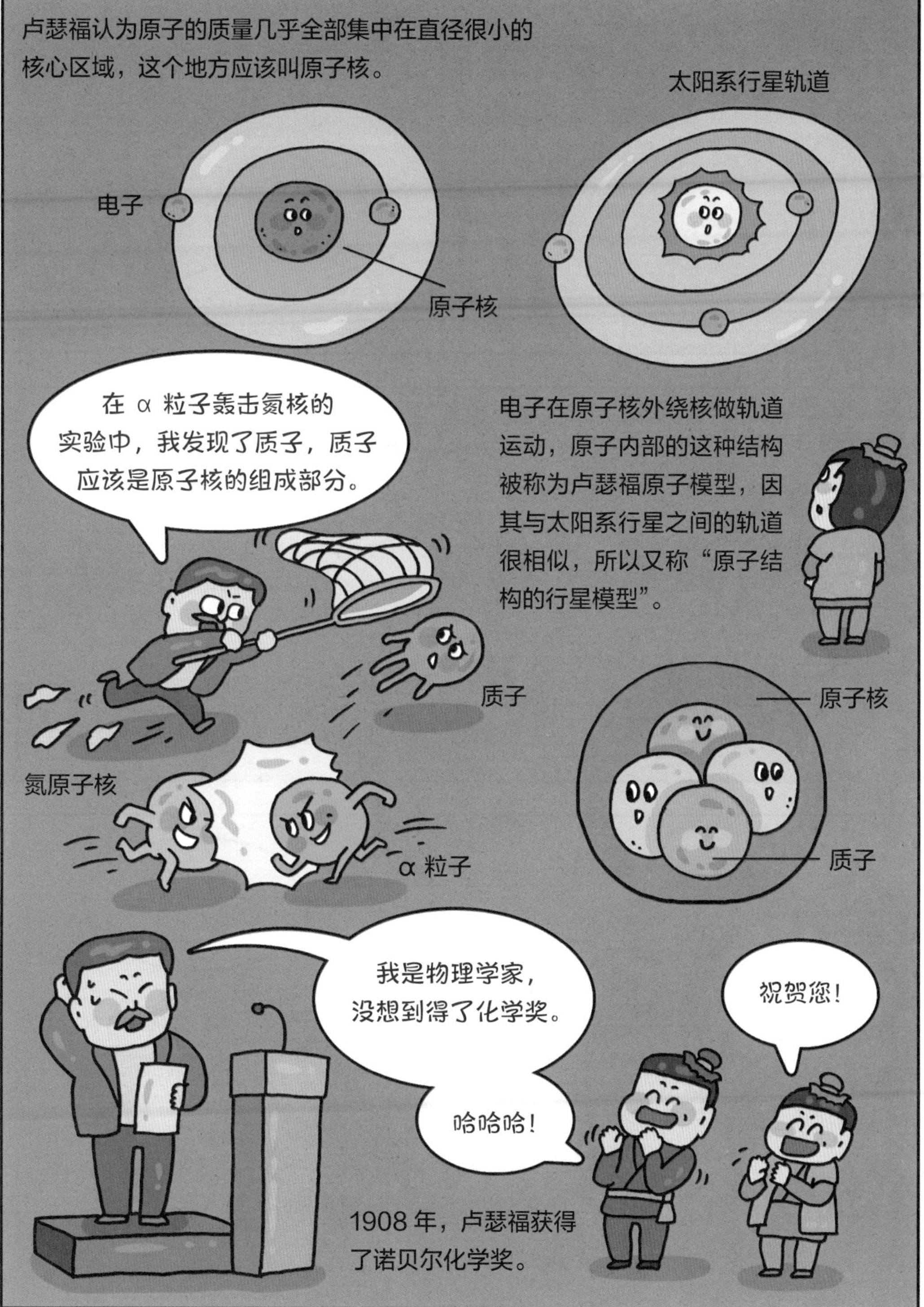
卢瑟福认为原子的质量几乎全部集中在直径很小的核心区域，这个地方应该叫原子核。
太阳系行星轨道
电子
原子核
在 α 粒子轰击氮核的实验中，我发现了质子，质子应该是原子核的组成部分。
电子在原子核外绕核做轨道运动，原子内部的这种结构被称为卢瑟福原子模型，因其与太阳系行星之间的轨道很相似，所以又称“原子结构的行星模型”。
质子
原子核
氮原子核
α 粒子
质子
我是物理学家，没想到得了化学奖。
祝贺您！
哈哈哈！
1908 年，卢瑟福获得了诺贝尔化学奖。

接下来，我们会遇到谁？
我也
不知道呢。

嗖！
嗖！

小心！
是谁？
在干什么？

原来是查德威克在做实验。

嗨！你们好！
英国物理学家

查德威克是卢瑟福的学生，专攻放射现象的研究。
看你往哪儿跑！
查德威克用 α 粒子轰击各种实验对象，在一次轰击铍核时，发现了一种不带电的粒子。
中子
α 粒子
铍核
原子核
中子
质子
查德威克发现的这种粒子就是中子，查德威克因此获得了 1935 年的诺贝尔物理学奖。
我早就看出来你会有出息！
谢谢老师。
果然是名师出高徒呀！

你看，汤姆孙在做实验。
英国物理学家

这些带电的粒子
是什么呢？

我们不懂呀！

不像原子也不像
分子。
原子
分子
到底是什么？

我发现这种粒子的质量
非常小。
汤姆孙发现的这种
粒子就是电子。
还能继续
分割。
原子核的外围
有若干个电子，围绕
原子核运动。
原子核
电子
电子
电子
1906 年，汤姆孙获得了
诺贝尔物理学奖。
在他之前，
有不少人认为原子是
不能再分割的。

哪儿来的水？
别踩，
小心触电。

原来是阿伦尼乌斯。
瑞典物理化学家

我发现溶液的导电性跟浓度有关。

我认为，电解质在溶液中有两种形态：一种是分子形态，一种是离子形态。

电解质属于化合物，在水溶液（或非水溶液）中或在熔融状态下可以导电。
电解质
我得出一个理论——电离理论，电解质在溶液中自动离解成正负离子。
分子形态
离子形态
1903年，阿伦尼乌斯获得了诺贝尔化学奖。
电离理论
应该颁物理奖。
应该颁化学奖。
哈哈！
因为电离理论在物理学和化学两个学科都有重要的作用，所以颁奖一开始发生了分歧。

现在我们知道了，物质就是由这些微观粒子构成的。
你和我的身体其实就是无数这样的粒子的组合体。
那我们用肉眼能直接看见它们吗？
它们太小了，只有借助科学仪器才能观察到一些分子和原子。
扫描隧道显微镜
这显微镜太大了。
分子
利用这种显微镜可以观察到分子和原子。

分子的体积很小，你知道我们常喝的一瓶 500ml 的水里有多少水分子吗？
如果一滴水里的水分子个数由 10 亿人来数，每人每分钟数 100 个，日夜不停，数完需要三万多年的时间。
就这一瓶，我估计没有多少。
这是不可能完成的任务。
你还准备往下数吗？
我放弃！
500ml 纯净水中大约含有 1.67×10^{25} 个水分子。

我们来玩一个游戏呀，
哪组能做到哪组就能得到礼品。
前提是身上要绑上一件东西。
好呀，我们参加。
固体组
液体组
气体组

这引力太大了，
我们根本无法离得太远。
引力

这斥力太大了，
我们很难靠得太近。
斥力

这对我们气体来说
太容易了。

轻而易举，
感觉不到什么引力和斥力。

凭什么气体用的是皮筋，
我们用的是弹簧。
不公平！
这是根据你们的特点
来定的呀。固体、液体的
分子引力和斥力比较强，
就像是弹簧一样。
而气体的引力和斥力
比较弱，就像是一条几乎
无弹力的皮筋。

物质的分子一直处在无规则的运动状态，这种运动叫作分子的热运动。

分子之间存在引力，因为这种引力的存在，固体和液体才能保持一定的体积。

分子之间还存在斥力，如果外部压力使物质分子之间的距离缩小，斥力就会展现出来，对抗压缩，保持体积。

气体分子间的引力和斥力十分微弱，所以气体分子的运动很容易被感觉到。

别离我太远。
别离我太近。
气体分子
你在上厕所呢吧？我都闻到臭味了。
讨厌！人家在吃臭豆腐。

我饿了，
咱们找个饭店去
吃饭吧！
好啊，
去哪家呢？

挑饭店一定要挑
人多的，那样证明菜
做得好吃。

这家不行，
顾客太少。
气体饭庄

这家也不行，
顾客不够多。
液体饭馆

这家可以，
人够多。
固体酒楼

天啊，
这密度也太大了吧！
我有一种不好的
预感。
固体分子

服务员，
上菜快一点
行不行？
服务员，给我们
这桌上菜！

我俩不是服务员！
怎么还不上菜！
快点上菜！
你俩快点上菜！

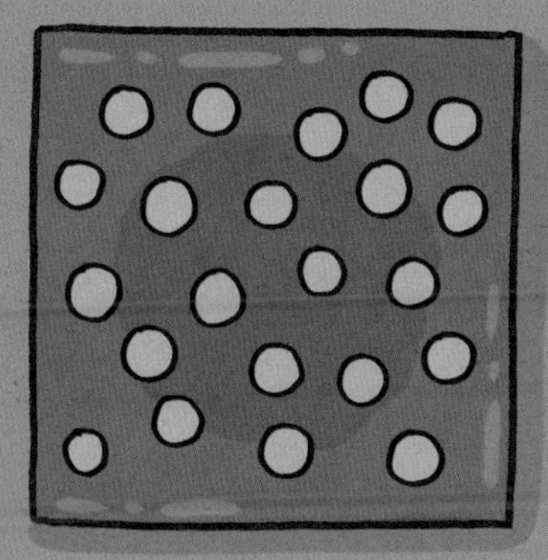

分子间距离小。

固体分子距离变大时引力变大，
固体分子距离变小时斥力变大。

所以固体具有一定的形状和体积，不易被拉伸和压缩。

液体

分子间距离比固体大，比气体小。

液体分子没有固定的位置，引力与斥力的作用力比较小。

所以液体具有流动性，没有固定的形状，也比较难被压缩。

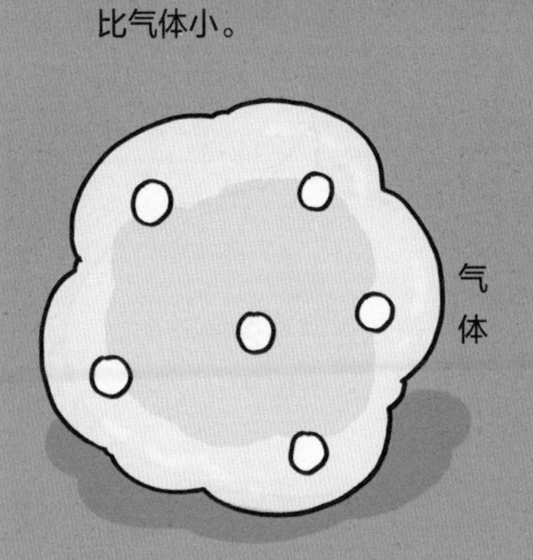

分子间距离较大。

气体分子间引力与斥力的作用不明显，所以气体具有流动的特性，也容易被压缩。

终于把温水泳池
清理干净了。
够累的。

听说总有人在泳池里
干些不卫生的事。
噗！

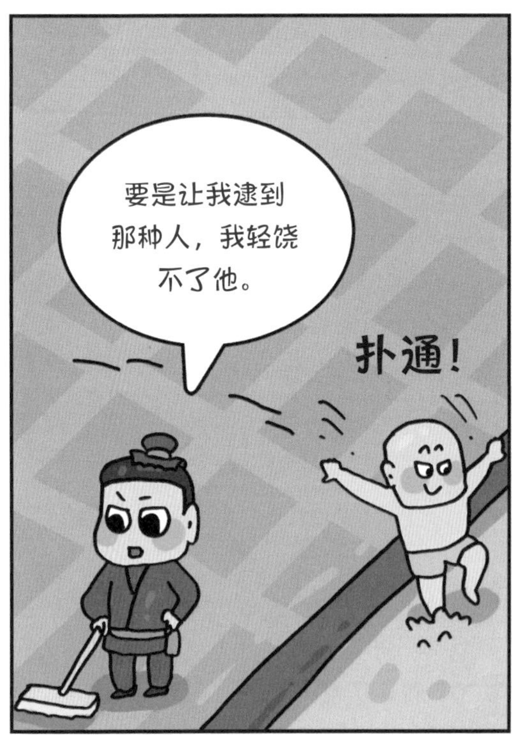
要是让我逮到
那种人，我轻饶
不了他。
扑通！

氧化汞
哇！
这水还是有温度的，
真舒服啊。

汞原子
氧原子
氧化汞在高温下会分解成氧原子和汞原子。

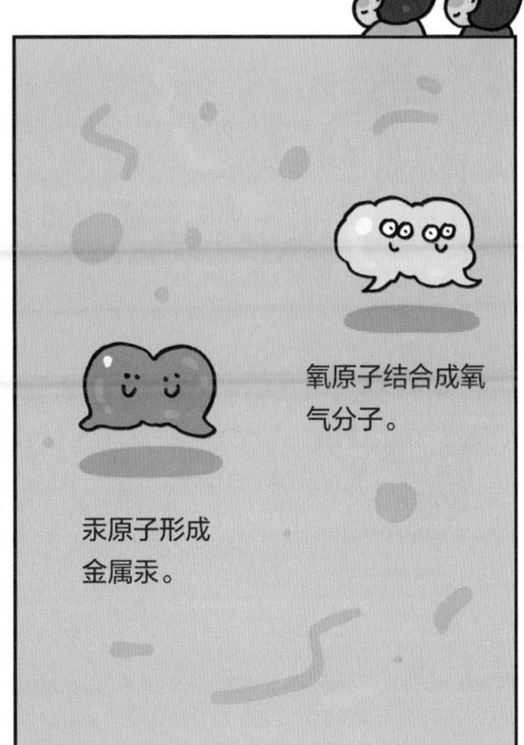
氧原子结合成氧气分子。
汞原子形成金属汞。

噗！
汞是液态金属，密度比水大，会沉在水底。

好呀你，不单放屁，还敢小便！看我怎么收拾你！

分子由原子构成。比如，1 个氧气分子由 2 个氧原子构成。

1 个二氧化碳分子由 1 个碳原子、2 个氧原子构成。

在化学变化中，分子可以分解成原子，原子又可以结合成新的分子，原子是化学变化中的最小粒子。

分解成氧原子和汞原子。

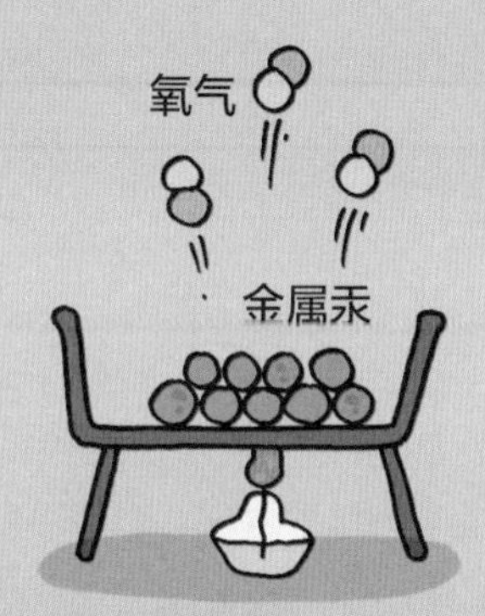

氧原子结合成氧分子，汞原子结合成金属汞。

在化学变化中，一种物质的分子会变成其他物质的分子。

过氧化氢

过氧化氢分子

水分子

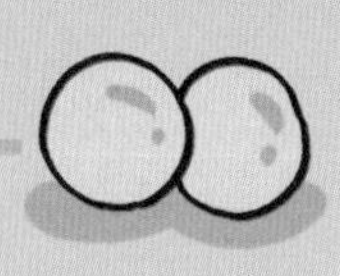

氧气分子

过氧化氢会缓慢分解成水和氧气。

我想
采访一下电子，
请问他在哪里？
中子
质子

电子？
他可不太容易采访。
你要有
心理准备哟。

他在那儿，
你去找他吧。

嗖！
嗖！
嗖！

嗖！
电子，我想采访
你一下……

哎呀妈呀，
太累了，我们跟
不上他。
那接下来我们
怎么办？

你们挺会想办法呀！
想采访我什么？
我们想请你
介绍一下原子的结构。

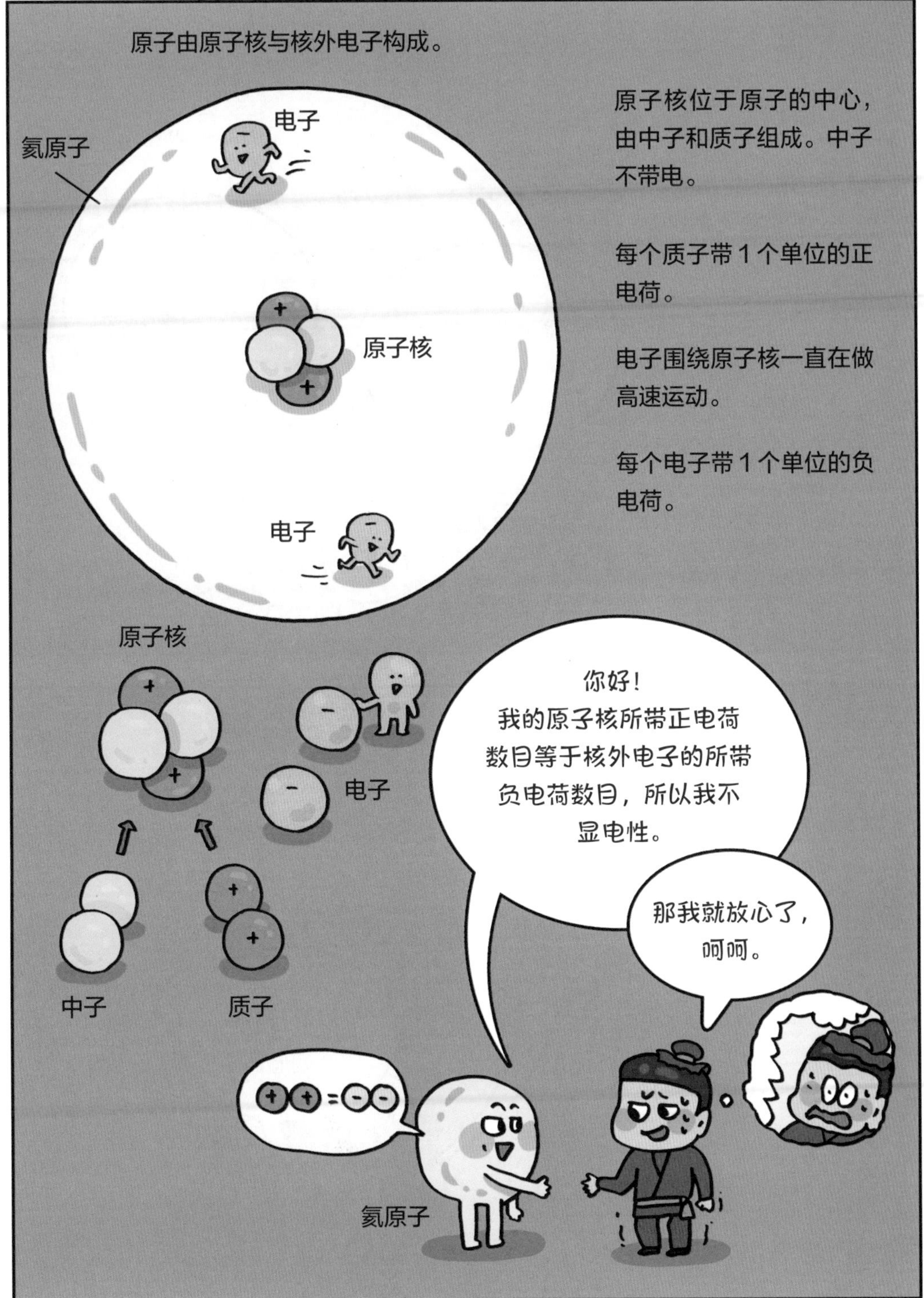
原子由原子核与核外电子构成。
氦原子
电子
原子核
电子
原子核位于原子的中心，由中子和质子组成。中子不带电。
每个质子带 1 个单位的正电荷。
电子围绕原子核一直在做高速运动。
每个电子带 1 个单位的负电荷。
原子核
电子
中子
质子
你好！我的原子核所带正电荷数目等于核外电子的所带负电荷数目，所以我不显电性。
那我就放心了，呵呵。
氦原子

我想给咱们
大家拍张合影，
怎么样？
你的这个想法
挺好，我支持。
没问题呀，
但是不一定好拍呀。
中子
质子

电子离我们太远，
而且他个头太小，
要是以他为主角
的话……
你可以试试，
呵呵。

试试就试试，
我能遥控相机快门
拍照。
别后悔呀！
结局会出乎你的
意料。

嗨！
咔嚓！
估计我们在
照片里非常小，不应
该叫原子全家福，
应该叫……
电子与几个小
黑点。

电子的分层排布

原子核在原子内部所占的体积非常小，如果把原子比作一个室内自行车比赛场馆，那么原子核甚至比一粒沙子还要小，电子就像骑得飞快的赛车手一样，围绕场地中心高速运动。

核外电子运动的时候有自己的运动区域，叫作分层排布，离核最近的电子层为第一层，最远的为最外层。

电子层最少的只有一层，比如氦原子只有一层，电子数不超过 2 个。

电子层最外层的电子数目最多为 8 个，比如氩原子。

外圈最长，
跑外圈多累呀。
哼！因为我最强壮，
累也不怕。

离原子核越远，电子所带的能量越大。

原子怎样达到稳定结构?

原子的稳定结构，指的是电子层最外层要有 8 个电子 (只有一层电子层的要有 2 个电子) 的结构。

我的最外层只有你们 3 个电子，有那么大的空隙，我太没有安全感了。

就算有 5 个电子，外围也还是有漏洞啊，还是觉得不安全。

现在这样，有 8 个电子在最外层四面八方地保护着我，我觉得很安全了，这样我就达到了稳定结构。

比赛应该讲究公平，我们应该是同一个重量级。
那现在咱俩称称体重。

我是不是比你重？
你的体重是我的1836倍。

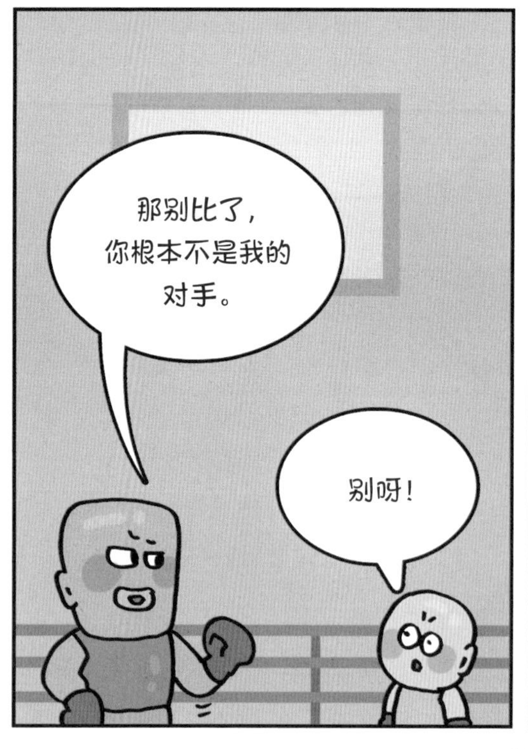
那别比了，你根本不是我的对手。
别呀！

我想到一个办法。

喂！先别走，
我们继续比呀！
怎么比？

我又叫来了 1835 个兄弟，
我们一起上，体重就跟你一致了。

这要是跟他们比赛，
一人打我一拳那就是 1836 拳！

我宣布获胜者
是电子！
没比我就
赢了？
对，
我认输了，
呵呵。

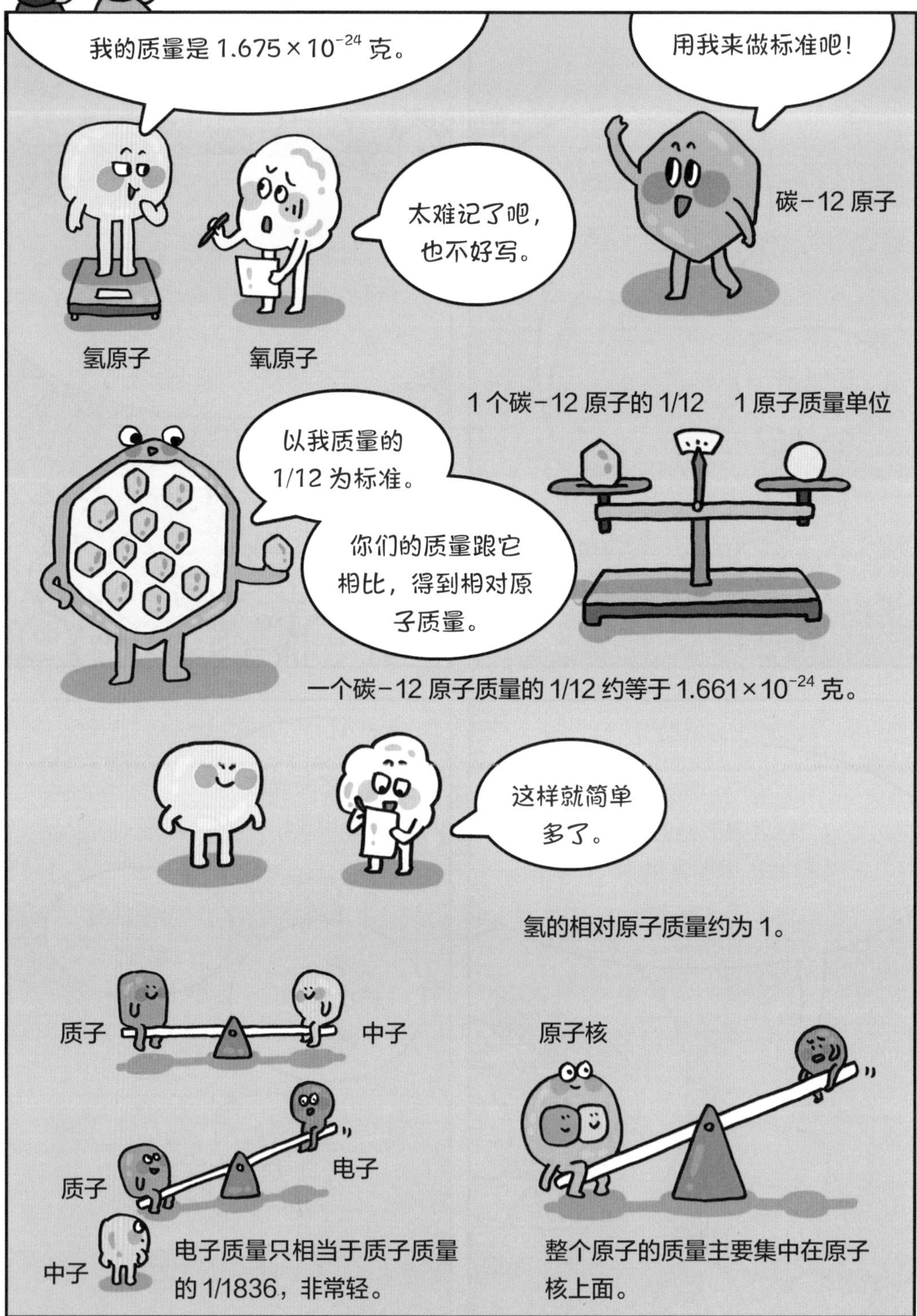

我的质量是 1.675×10⁻²⁴ 克。
用我来做标准吧！
太难记了吧，也不好写。
碳-12 原子
氢原子
氧原子
1 个碳-12 原子的 1/12
1 原子质量单位
以我质量的 1/12 为标准。
你们的质量跟它相比，得到相对原子质量。
一个碳-12 原子质量的 1/12 约等于 1.661×10⁻²⁴ 克。
这样就简单多了。
氢的相对原子质量约为 1。
质子
中子
原子核
质子
电子
中子
电子质量只相当于质子质量的 1/1836，非常轻。
整个原子的质量主要集中在原子核上面。

氯原子
2 8 7
谁能给我 1 个电子呢？那样我最外层就有 8 个了。

钠原子
1 8 2
最外层这 1 个电子给别人，我就稳定了。

氯最外层多于 4 个电子，容易得到电子。

钠最外层少于 4 个电子，容易失去电子。

氯得到 1 个电子而变成带负电的离子。

钠失去 1 个电子而变成带正电的离子。

氯化钠
这样我们的外层电子数都是 8 了，形成了稳定结构。

带电的原子叫离子，氯离子和钠离子组成了氯化钠，所以离子也是构成物质的粒子。

听说你也是用来发电的？
对呀，我是核电站，我也是用来发电的。
火力发电站
核电站

那咱俩来比比谁发电的本事大呀？我是利用煤来发电。
比就比。我利用铀-235与中子碰撞产生的原子核裂变来发电。
铀-235
煤
中子

我先来，
我已经开始产生电能了！
煤的燃烧产生热量，把水加
热形成高温高压蒸汽，带动
汽轮机和发电机，产生电能。
蒸汽
汽轮机
发电机

核裂变产生热量，把水加热形
成高温高压蒸汽，带动汽轮机
和发电机，产生电能。
其实我的发电
原理跟你一样，我现在也
产生电能了。
蒸汽
汽轮机
发电机

你看我，
发电成功！
我也发电成功了呀！

我需要一直烧煤，
只要煤源源不断，我就
能持续发电。
那你不如我呀。

呀，没电了。
我的核燃料的
能量密度比你的煤燃料
高几百万倍。

我认输，发电能力你
确实比我强。
唉，环保这方面
也不如你。
你虽然发电了，
但也排放了大量的污染
物质到大气中，造成了
污染。

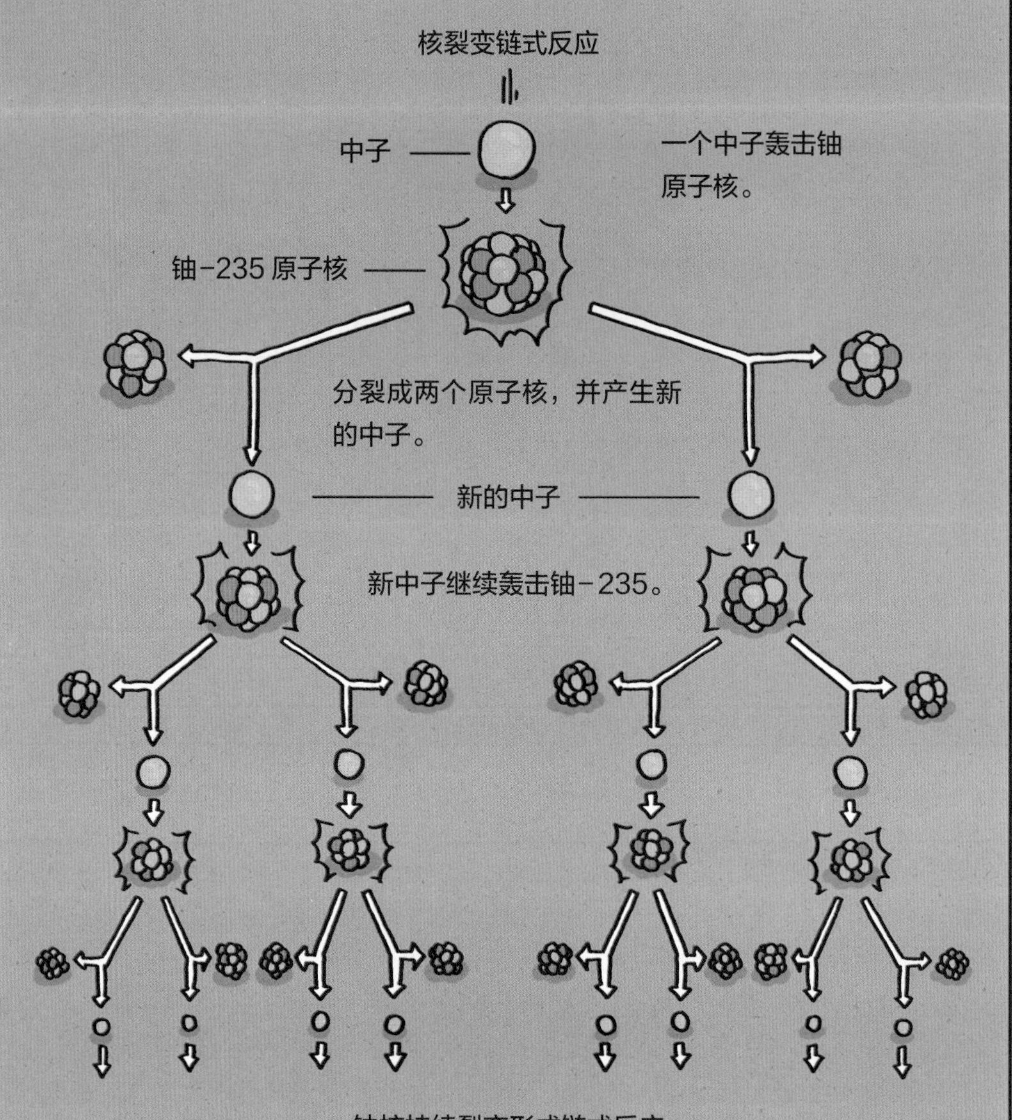

核裂变链式反应
中子
一个中子轰击铀原子核。
铀-235 原子核
分裂成两个原子核，并产生新的中子。
新的中子
新中子继续轰击铀-235。
铀核持续裂变形成链式反应。

铀原子核在每一次的分裂过程中都释放出大量的能量。

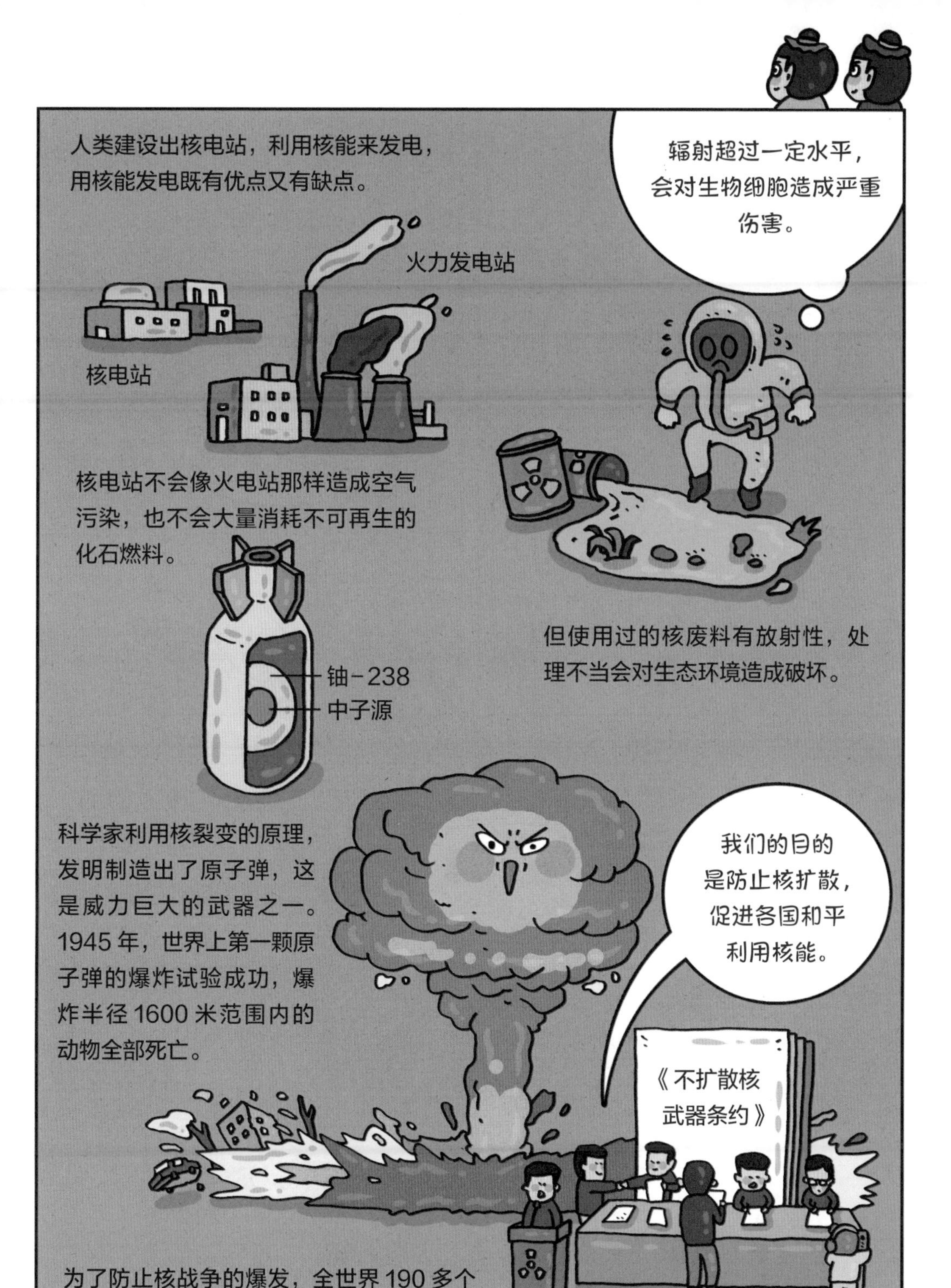
人类建设出核电站，利用核能来发电，用核能发电既有优点又有缺点。
辐射超过一定水平，会对生物细胞造成严重伤害。
火力发电站
核电站
核电站不会像火电站那样造成空气污染，也不会大量消耗不可再生的化石燃料。
但使用过的核废料有放射性，处理不当会对生态环境造成破坏。
铀-238
中子源
科学家利用核裂变的原理，发明制造出了原子弹，这是威力巨大的武器之一。1945 年，世界上第一颗原子弹的爆炸试验成功，爆炸半径 1600 米范围内的动物全部死亡。
我们的目的是防止核扩散，促进各国和平利用核能。
《不扩散核武器条约》
为了防止核战争的爆发，全世界 190 多个国家先后签署了《不扩散核武器条约》。

之前我们比发电，我在能量方面输给了你们，这回我找来俩朋友跟你们比。
铀-235
中子
煤

这是氘核与氚核，氘、氚都是氢的同位素。
氘核
氚核

比之前给他们展示一下你们的实力？
可以呀。

咣当！

变身氦核！
产生了中子。

哇！感觉好厉害！
咣！
不好！

铀原子核分裂。
嗖！
又产生一个新的中子。

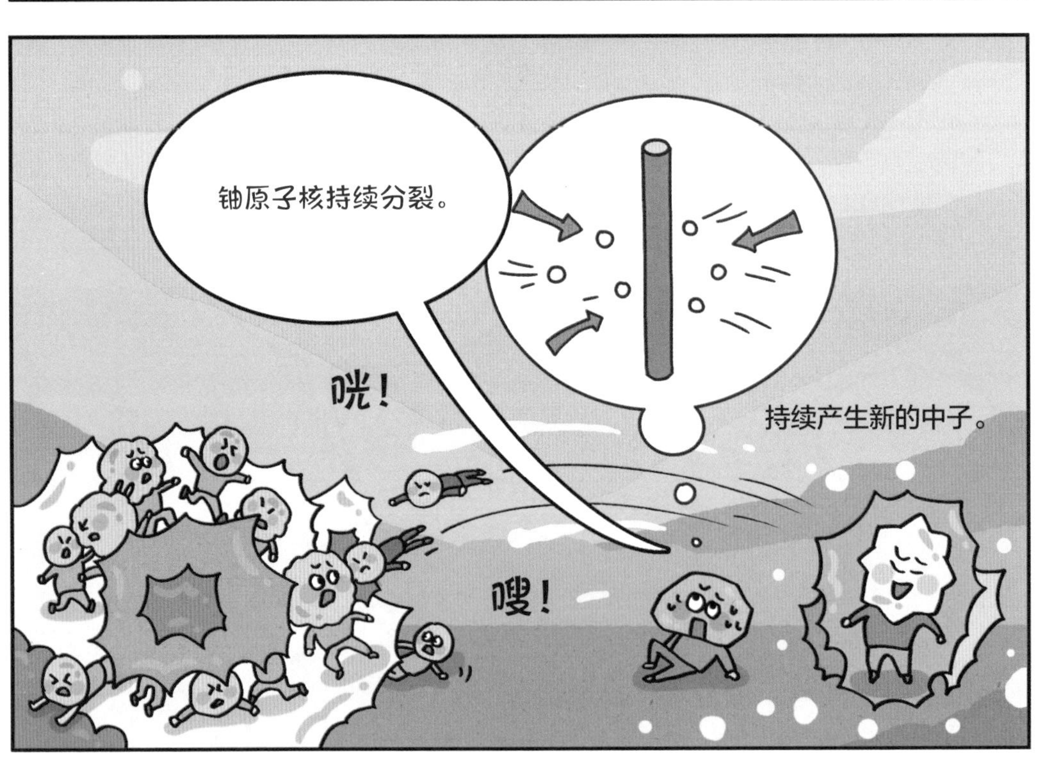
铀原子核持续分裂。
咣！
持续产生新的中子。
嗖！

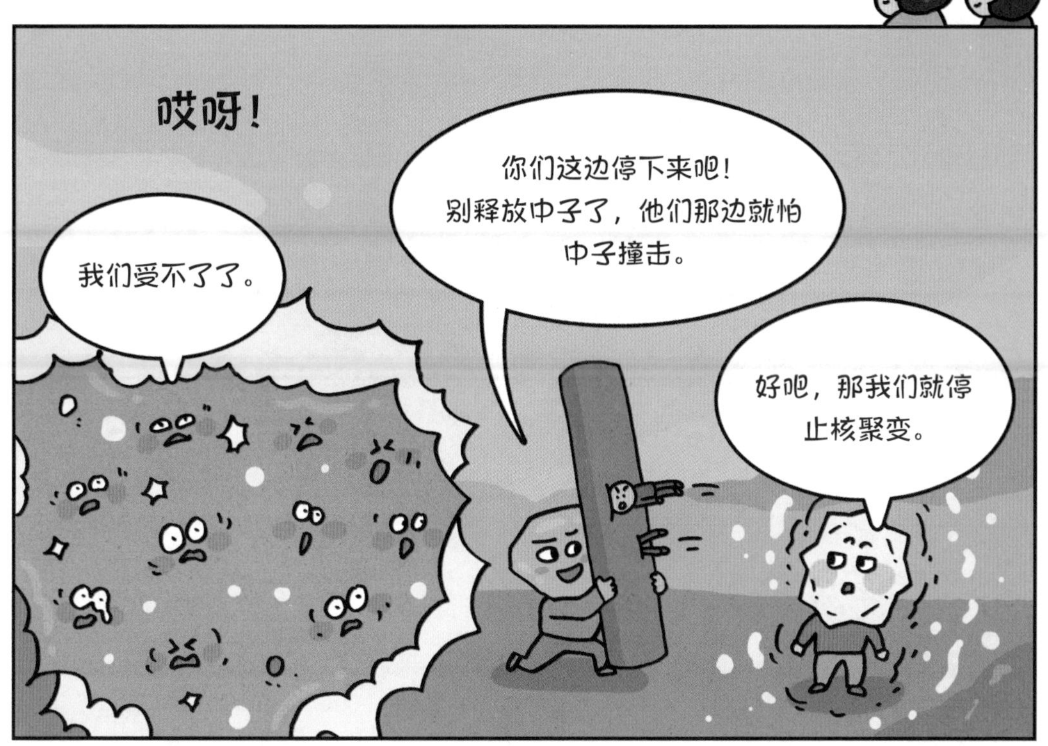
哎呀！
我们受不了了。
你们这边停下来吧！
别释放中子了，他们那边就怕
中子撞击。
好吧，那我们就停
止核聚变。

我们服了，
你们的能量比我们大多了。
这就叫人外有人，
天外有天！

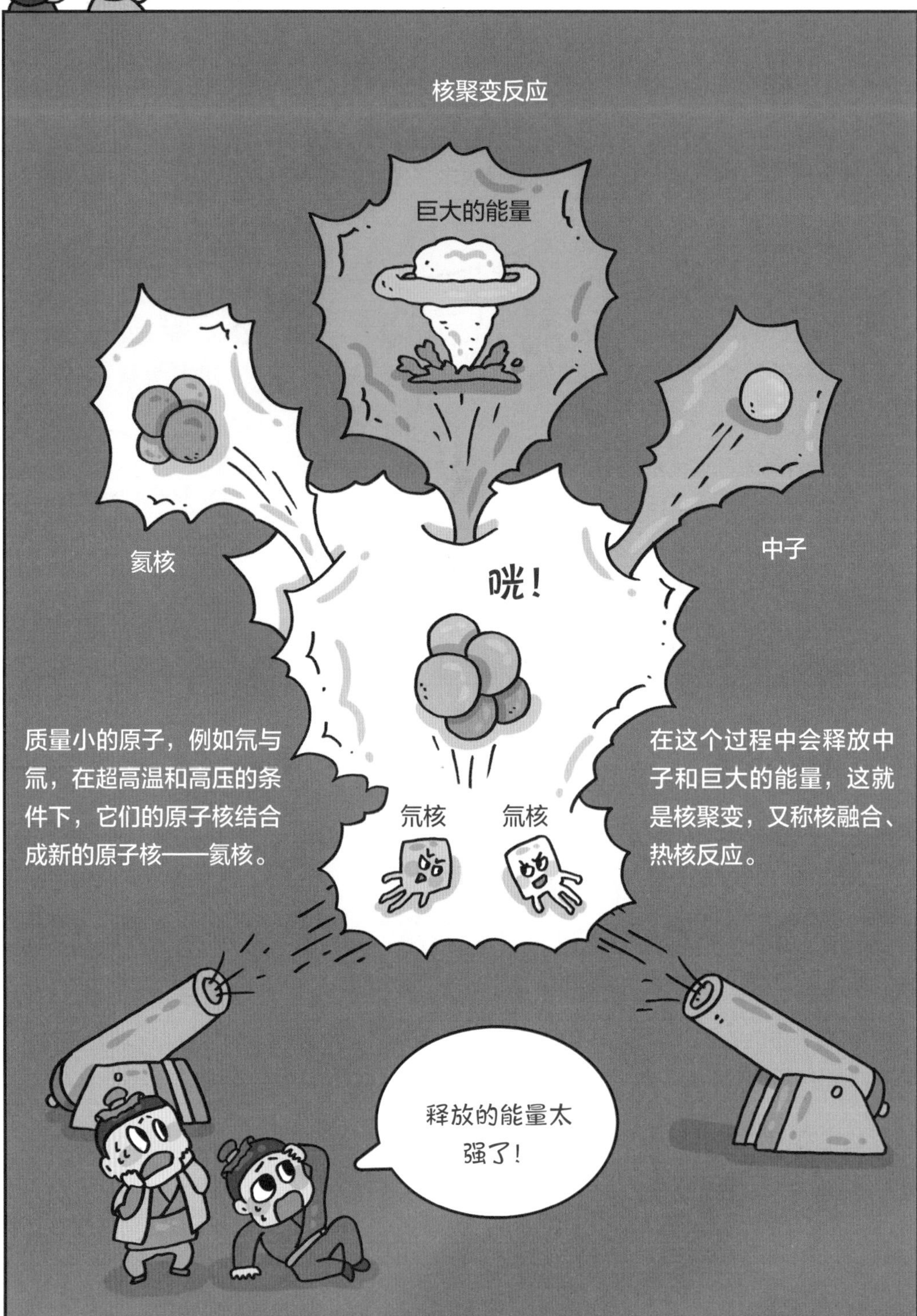
核聚变反应
巨大的能量
氦核
中子
咣！
质量小的原子，例如氘与氚，在超高温和高压的条件下，它们的原子核结合成新的原子核——氦核。
氘核
氚核
在这个过程中会释放中子和巨大的能量，这就是核聚变，又称核融合、热核反应。
释放的能量太强了！

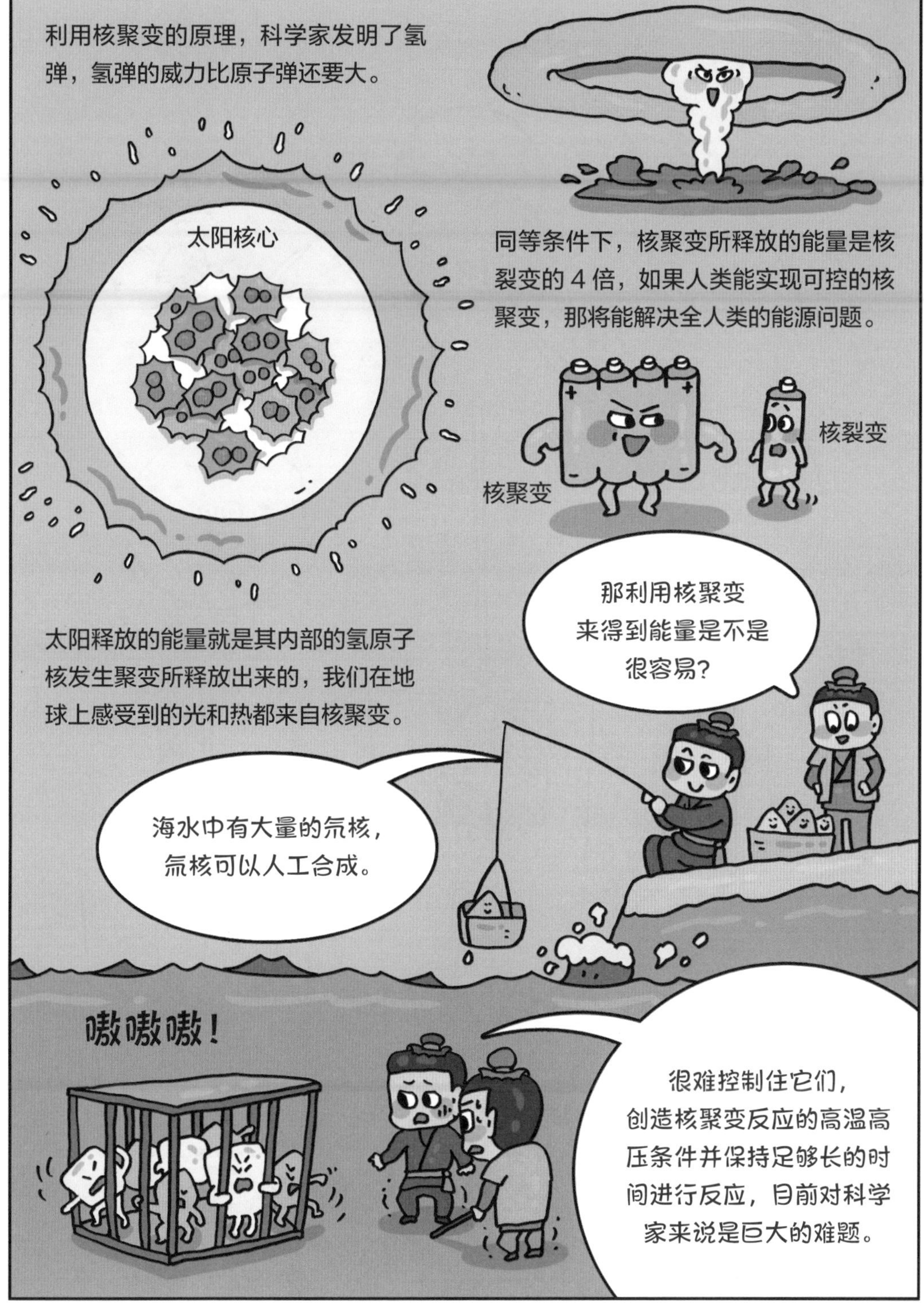

利用核聚变的原理，科学家发明了氢弹，氢弹的威力比原子弹还要大。
太阳核心
同等条件下，核聚变所释放的能量是核裂变的 4 倍，如果人类能实现可控的核聚变，那将能解决全人类的能源问题。
核聚变
核裂变
太阳释放的能量就是其内部的氢原子核发生聚变所释放出来的，我们在地球上感受到的光和热都来自核聚变。
那利用核聚变来得到能量是不是很容易？
海水中有大量的氘核，氚核可以人工合成。
嗷嗷嗷！
很难控制住它们，创造核聚变反应的高温高压条件并保持足够长的时间进行反应，目前对科学家来说是巨大的难题。

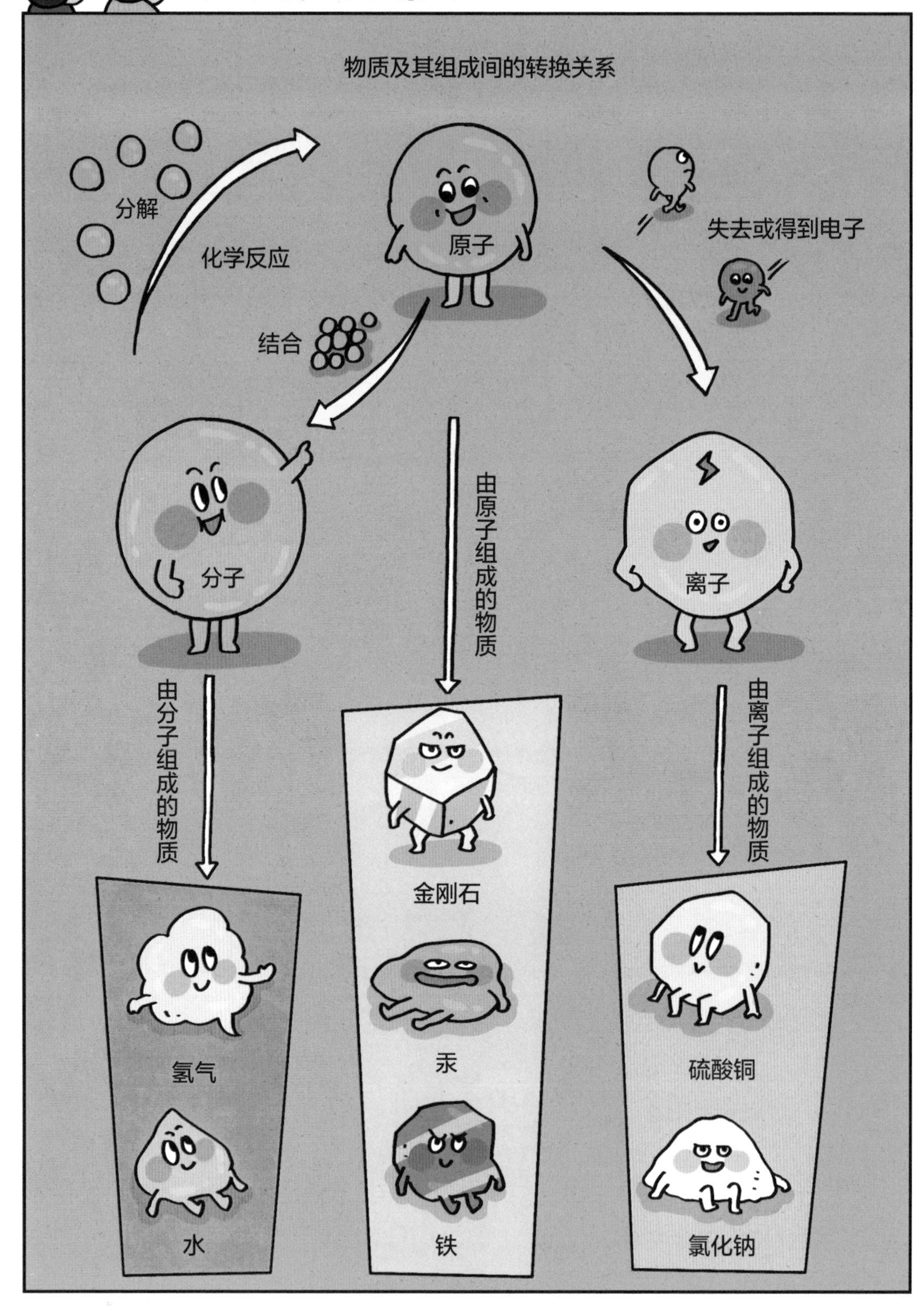
物质及其组成间的转换关系
分解
化学反应
原子
失去或得到电子
结合
分子
由原子组成的物质
离子
由分子组成的物质
由离子组成的物质
金刚石
氢气
汞
硫酸铜
水
铁
氯化钠

通过对分子、原子等
微观粒子的研究，我
们能够了解物质的组
成和性质……

还有结构和变化
规律。

我们由此可以创造
新物质和新材料。

这有利于改善我们的
生存环境，提高生活质量，
更好地保护和利用自然
资源。
甚至还可以帮助我们
去探索更宏观的未知世界，
了解宇宙的奥秘。